BALLENAS AZULES

Escrito por Mari Schuh

PEBBLE
a capstone imprint

Pebble Explore, publicada por Pebble, una marca de Capstone,
1710 Roe Crest Drive
North Mankato, Minnesota 56003
www.capstonepub.com

**Los datos de CIP (Catalogación previa a la publicación, CIP) de la
Biblioteca del Congreso se encuentran disponibles en el sitio web
de la Biblioteca.**
ISBN: 978-1-9771-2548-4 (library binding)
ISBN: 978-1-9771-2556-9 (eBook PDF)

Resumen: Ofrece datos básicos y detalles sobre las ballenas azules,
el lugar donde viven, su cuerpo, lo que hacen y los peligros a los que
se enfrentan.

Créditos de las fotografías
Alamy: Francois Gohier / VWPics, 7, Nature Picture Library, 8, 17,
WaterFrame, 21; Getty Images: Doug Perrine, 12, Mark Carwardine, 13;
iStockphoto: amac00, 5; Minden Pictures: Flip Nicklin, spread 26-27, Luis
Quinta, 14; Newscom: Album/Gus Regalado, spread 10-11, Flip Nicklin/
Minden Pictures, 9, Francois Gohier/VWPics, 1, McPHOTO/picture alliance
/ blickwinkel/M, 25; Shutterstock: Andrea Izzotti, 16, Andrew Sutton, Cover,
John Tunney, 19, Nicole Helgason, 28, Rich Carey, 22

Créditos editoriales
Mandy Robbins, editora; Dina Her, diseñadora; Morgan Walters,
investigadora en medios; Tori Abraham, especialista en producción

Dedicatoria
A Leah—MS

Printed in the United States   6190

Tabla de contenidos

Las palabras en **negrita** están en el glosario.

Ballenas azules asombrosas

Una ballena azul nada cerca. Saca aire por sus **espiráculos**. ¡Fuush! Sale un chorro de aire y de agua hacia arriba. Sube muy alto. ¡Llega a 30 pies (9 metros) de altura!

La ballena respira aire por los agujeros. Después se vuelve a sumergir.

Las ballenas son **mamíferos**. Los mamíferos son animales de **sangre caliente**. La temperatura de su cuerpo no cambia. Las hembras alimentan a sus crías con leche.

Una ballena azul sopla aire por sus espiráculos.

Dónde viven las ballenas azules

En el mundo, hay entre 10,000 y 25,000 ballenas azules. Viven en todos los océanos. Las más grandes viven en el frío océano del Sur.

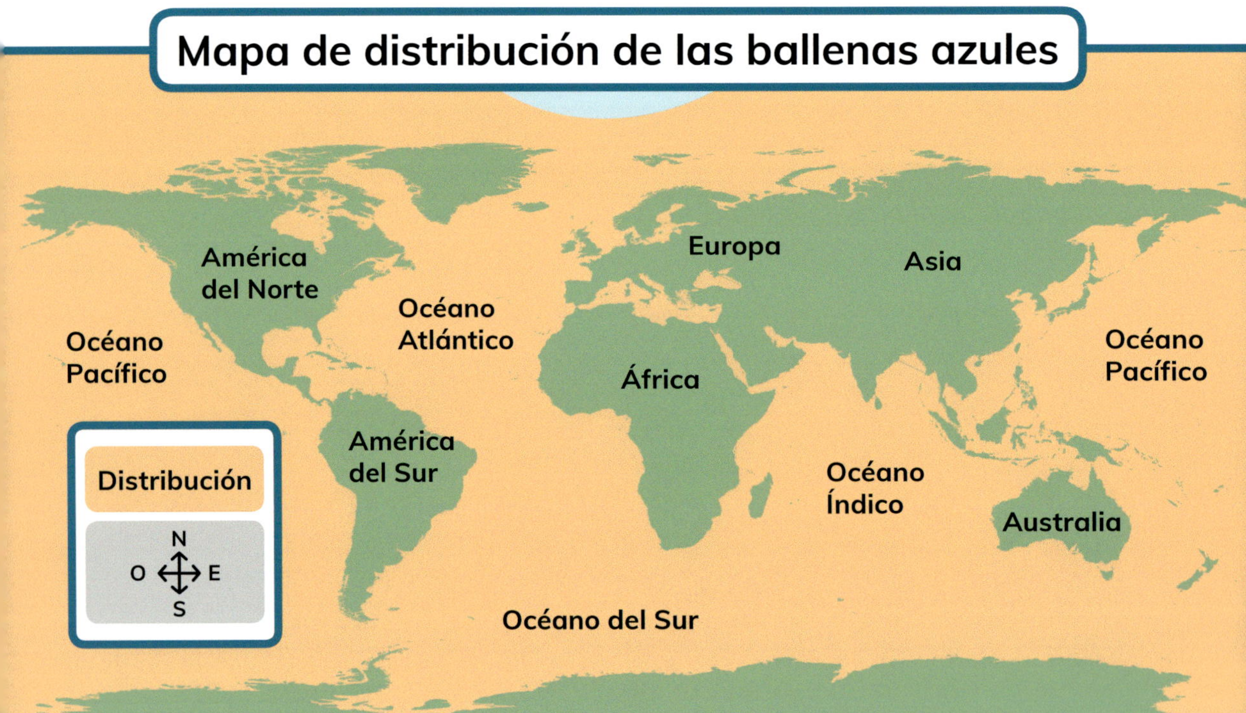

Casi todas las ballenas azules viven
en la mitad sur del mundo. Algunas
viven en la mitad norte. Nadan cerca
de California y de México.

Las ballenas azules suelen nadar
solas o en parejas. También nadan
en grupos pequeños.

Ballenas azules comiendo

Las ballenas azules suelen nadar
en aguas frías. Viven ahí en verano.
Comen mucho durante esa época.

Durante el día, las ballenas se sumergen para buscar alimento. Por la noche, comen cerca de la superficie del agua.

Muchas ballenas azules **migran** en invierno. Van a aguas más templadas. Las ballenas se **aparean** ahí. Tienen a sus crías. Las crías crecen en aguas templadas.

El cuerpo de las ballenas azules

Las ballenas azules son enormes. Son los animales más grandes que jamás hayan vivido. Son más grandes que los dinosaurios. Pueden llegar a medir hasta 100 pies (30 m) de largo. ¡Eso es más que dos autobuses!

La ballena azul pesa mucho.
Unas 150 toneladas (136 toneladas
métricas). ¡Eso es más que una casa!

Las partes del cuerpo de una ballena
azul son grandes. Su corazón pesa
como un auto pequeño. Su lengua
es enorme. ¡Pesa como un elefante!

La ballena azul tiene la cabeza
ancha y los ojos pequeños. Su piel
es suave y de color azul grisáceo.
En la piel tiene manchas más
claras. Cada ballena tiene manchas
diferentes.

La barriga de la ballena es de color amarillento. Ese color viene de las **algas**. La ballena tiene algas pegadas al cuerpo.

La aleta caudal de la ballena es ancha. Tiene forma de triángulo. Se mueve de arriba abajo. Eso ayuda a las ballenas a nadar.

Las ballenas azules tienen una capa
gruesa de grasa. Está debajo de la piel.

La grasa ayuda a la ballena
de muchas maneras. El agua
del océano puede estar muy fría.
La grasa ayuda a las ballenas
a mantener el calor corporal. La grasa
también almacena energía. A veces
las ballenas no comen durante muchos
meses. Las ballenas usan esa energía
cuando no hay comida. La grasa
también ayuda a las ballenas a nadar.
Las ayuda a flotar.

Comer y beber

Las ballenas azules comen cosas pequeñas. Comen unos animales diminutos llamados **kril**. ¡Una ballena puede comer 40 millones de kril en un día!

El kril flota en el océano.

¿Cómo puede comer tanto una ballena azul? En la garganta y en el pecho tiene unos surcos. Los surcos son largos. Permiten que la boca de la ballena se estire. Por la boca entra mucha agua y comida.

Las ballenas azules son una especie
de ballena barbada. En la boca tienen
unas placas llamadas **barbas**. Estas
placas se doblan. Ayudan a la ballena
a atrapar comida.

La ballena traga agua y kril.
Con la lengua, empuja el agua hacia
afuera. El kril se queda atrapado entre
las barbas. Entonces la ballena
se traga el kril. ¡Glup!

Las ballenas azules pueden girar
y darse vuelta. Al girar el cuerpo, abren
la boca. Esto las ayuda a atrapar el kril.

Qué hacen las ballenas azules

Las ballenas azules son rápidas.
Su cuerpo alargado las ayuda a nadar.

Las ballenas azules suelen nadar
a más de 5 millas (8 kilómetros)
por hora. Pueden nadar más rápido
si es necesario. Pueden alcanzar más
de 20 millas (32 km) por hora.
Así consiguen escapar del peligro.

Las ballenas azules se sumergen
para buscar alimentos. Pueden
descender a más de 300 pies (91 m).
¡Y aguantar la respiración durante más
de 10 minutos!

La ballena azul es uno
de los animales más ruidosos
del mundo. ¡Hace más ruido que
un motor de reacción! Las ballenas
hacen sonidos para comunicarse
entre ellas. Gruñen y gimen. Se llaman
entre sí. El sonido viaja a cientos
de millas de distancia. Los sonidos
las ayudan a encontrar pareja.
Los sonidos también ayudan
a las ballenas a encontrar su camino
cuando nadan.

Las ballenas azules oyen muy bien.
Oyen los sonidos de las otras ballenas.

Las ballenas azules son grandes cuando nacen. La cría de una ballena se llama ballenato. ¡Y puede llegar a pesar 3 toneladas (2.7 toneladas métricas)! El ballenato bebe la leche de su madre durante muchos meses.

El ballenato crece rápidamente. Durante su primer año, aumenta unas 200 libras (91 kilógramos) al día. Una ballena se puede aparear cuando tiene 5 años.

Las ballenas azules viven muchos años. Algunas llegan a vivir unos 80 años.

Una ballena madre nada con su ballenato.

Peligros de las ballenas azules

Durante muchos años se cazaban ballenas azules. El número de ballenas azules disminuyó. Las ballenas azules casi desaparecieron.

Hoy, hay leyes que protegen a las ballenas azules. Poco a poco su número está aumentando.

Las ballenas azules siguen
en peligro de extinción. Todavía podrían
desaparecer. Las orcas y los tiburones
las atacan. La **contaminación** las lastima.
Los barcos grandes las arrollan.
Y pueden quedar atrapadas en las redes
de pesca.

Muchas personas intentan proteger a las ballenas azules. Enseñan a la gente a cuidar la vida marina. Limpian la basura del océano. Hay grupos que crean áreas protegidas donde las ballenas pueden cuidar a sus crías. Esta gente se esfuerza para que el océano sea un lugar mejor. Quieren que estas grandes ballenas tengan un hogar más seguro.

Datos rápidos

Nombre: ballena azul

Hábitat: océanos

En qué lugar del mundo (distribución):
todos los océanos, especialmente
el océano del Sur

Alimentos: kril

Depredadores: humanos, tiburones,
orcas

Expectativa de vida: unos 80 a 90 años

Glosario

algas—plantas pequeñas sin raíces ni tallos, que crecen en el agua

aparearse—juntarse con otro para producir crías

barbas—placas largas y con flecos que tienen algunas ballenas en la boca

contaminación—materiales que dañan el agua, el aire y la tierra del planeta

de sangre caliente—criaturas que mantienen la misma temperatura corporal casi todo el tiempo

en peligro de extinción—que está en riesgo de desaparecer

espiráculo—agujero en la parte superior de la cabeza de una ballena; las ballenas respiran aire por el espiráculo

kril—animal pequeño parecido a un camarón

mamífero—animal de sangre caliente que respira aire; los mamíferos tienen pelo o pelaje; las hembras alimentan a sus crías con leche

migrar—viajar a otro lugar

Índice